数学家的发现

近代和现代世界

蔡天新◎著　黄乐瑶◎绘

北京科学技术出版社
100 层童书馆

图书在版编目（CIP）数据

数学家的发现 . 近代和现代世界 / 蔡天新著 ；黄乐瑶绘 . —北京：北京科学技术出版社，2023.7
ISBN 978-7-5714-3042-9

Ⅰ. ①数… Ⅱ. ①蔡… ②黄… Ⅲ. ①数学史－世界－少年读物 Ⅳ. ① O11-49

中国国家版本馆 CIP 数据核字（2023）第 077236 号

策划编辑：余佳穗
责任编辑：郑宇芳
封面设计：沈学成
图文制作：杨严严
责任校对：贾 荣
营销编辑：赵倩倩
责任印制：吕 越
出 版 人：曾庆宇
出版发行：北京科学技术出版社
社 址：北京西直门南大街 16 号
邮政编码：100035
电 话：0086-10-66135495（总编室）
　　　　　0086-10-66113227（发行部）
网 址：www.bkydw.cn
印 刷：北京宝隆世纪印刷有限公司
开 本：710 mm × 1000 mm 　1/16
字 数：57 千字
印 张：6
版 次：2023 年 7 月第 1 版
印 次：2023 年 7 月第 1 次印刷
ISBN 978-7-5714-3042-9

定 价：45.00 元

前　言

人们常说，诗人和艺术家的工作是创造，数学家的工作是发现。的确，一个数学定理就像宝藏一样，等待着数学家去发现。

数学家之间的竞争也非常激烈。17 世纪，英国数学家牛顿和德国数学家莱布尼茨之间就发生了微积分的"发明优先权"之争；19 世纪，德国的"数学王子"高斯、俄国数学家罗巴切夫斯基和匈牙利数学家鲍耶分别独立创立了非欧几何学。

其实，创造和发现并无高低之分，依照我个人的经验，两者都需要勤奋和敏感的特质，都能给人带来快乐。这里讲一则有趣的逸事：物理学家爱因斯坦和他的夫人在纽约拜访了表演大师卓别林，卓别林设家宴款待。席间主人问起相对论的发现过程。爱因斯坦的夫人绘声绘色地讲道，有一天吃早餐时，爱因斯坦神色异样，说自己有了新发现，他时而弹钢琴，时而记下什么。回书房后，爱因斯坦吩咐不让任何人打扰。两个星期后，爱因斯坦才走下楼，手里拿着一张写着相对论的纸。卓别林听后惊呼：爱因斯坦是纯粹的艺术家。

1908 年，5 岁的俄国小男孩柯尔莫哥洛夫自己偶然发现了一个规律：

$$1 = 1^2,$$

$$1 + 3 = 2^2,$$

$$1 + 3 + 5 = 3^2,$$

$$1 + 3 + 5 + 7 = 4^2,$$

$$\cdots$$

用文字表述就是，n 个连续的奇数相加恰好等于 n 的平方。这个结论可以对 n 用归纳法轻松证明，因此算不上是定理或命题。但对 5 岁的小男孩来说，这却是一次奇妙的经历，是一个激动人心的发现。因为这个发现，他从此迷上了数学。后来，柯尔莫哥洛夫成为 20 世纪最伟大的数学家之一，他是现代概率论的开拓者，并且桃李满天下。

　　高斯曾说过："数学提供给我们一座用之不竭的宝库，里面储满了有趣的真理，这些真理不是孤立的，而是紧密地相互联系在一起。"

　　本系列采撷了 18 个关于数学的故事，介绍了 20 多位中外数学家的发现，按照时间顺序，分成公元前后的千年、中世纪和十七世纪、近代和现代世界 3 册。感谢插画师黄乐瑶女士，为这套书绘制了风格独特的插图，她对不同民族的人物造型、服饰和建筑风格都有细致的了解。

　　既然数学宝库是用之不竭的，那么我们就不必担心数学家的灵感有一天会枯竭。事实上，进入 20 世纪以后，数学的分支越来越多，因为数学与自然的关系越来越密切。温习数学先辈的成果，常常能给我们带来温暖。

　　期待小读者学好数学，健康成长，一起享受数学发现的乐趣；也期待不久的将来，数学之花会在华夏大地上绽放得更加绚丽多姿。

蔡天新

2023 年春天于杭州天目里

目　录

高斯

黎曼

庞加莱

冯·诺伊曼

华罗庚　　　陈省身

陈景润

张益唐

数只是我们心灵的产物。

——高斯

现代数论的新纪元

数学王子高斯

高斯有一个美名——数学王子。他是一位数学神童，自幼天资过人，一生成就显赫，是 19 世纪最伟大的数学家，与阿基米德、牛顿并称为历史上三位最伟大的数学家。

1777 年 4 月 30 日，高斯出生在汉诺威公国（今德国下萨克森州）的布伦瑞克市郊外。高斯的父亲是个普通的劳动者，做过很多工作。他母亲是他父亲的第二任妻子，没受过正式教育，勉强认得几个字。她甚至记不清高斯的生日，后来还是高斯推算出了自己的生日。

高斯的计算能力非常出众。他读小学时，有一次，他的老师为了给学生们找点儿事情做，让他们把从 1 到 100 的整数相加，算出结果。高斯几乎立刻就算了出来，他把写好结果的石板面朝下放在自己的课桌上，等老师来检查。大家都算完后，老师挨个检查学生的答案，发现全班同学中只有高斯算对了，得数是 5050，不过高斯没有写演算过程。

神童高斯

高斯 3 岁时的一天，他坐在父亲身边看父亲算账。突然，高斯在旁边小声说："爸爸，这里算错了，应该是……"高斯的父亲又算了一次，惊讶地发现高斯算的竟然是对的。

老师问高斯解题方法，高斯说他发现了一个规律： 1 + 100 = 101，2 + 99 = 101，3 + 98 = 101…一共有 50 对数，于是，他很快得出答案应该是 50 × 101 = 5050。高斯很幽默，晚年他经常开玩笑说自己在会说话之前就会计算了。

18 岁时，高斯进入哥廷根大学，他喜欢这所大学自由的学术风气和丰富的图书馆馆藏。快满 19 岁时，高斯发现了正多边形的欧几里得作图理论，以及费尔马素数之间的关系。他还用直尺与圆规作出了正十七边形，成功破解了这桩有 2 000 多年历史的数学悬案。

对高斯来说，1796 年是丰收的一年。就在他发现正十七边形作图理论 9 天之后，即 4 月 8 日，他发展了同余理论，首次证明了二次互反律。5 月 31 日，他提出了素数定理的猜想。7 月 10 日，他证明了费尔马提出的三角形数猜想。10 月 1 日，他发表了有限域里一个多项式方程解数问题的研究，在一个半世纪后，法国数学家韦伊受此启发提出了韦伊猜想。高斯刚从事数学研究便已达到了极高的水准，而且此后的 50 年，他一直保持着这样的研究水准。

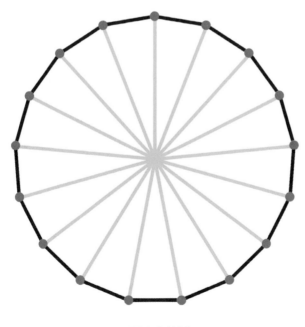

◆ 正十七边形

高斯和斐迪南公爵

高斯非凡的数学才能引起了布伦瑞克公爵斐迪南的注意，这位公爵慷慨地资助高斯读书，并为他安排学校，高斯始终感激这位资助人。1806年，斐迪南公爵惨死在拿破仑手下。高斯因此对法国人抱有成见，也无法接受法国大革命的结果和民主思潮，他的学生都称他为保守派。

◆ 斐迪南公爵

高斯希望自己留下的数学研究成果都是完美的艺术珍品，不能有任何瑕疵。他常说："当一幢建筑物完成时，应该把脚手架拆除干净。"高斯对于逻辑严密性也提出了苛刻的要求，这导致他需要很长的时间去证明一个始于直觉的定理。

高斯与数论

数论是古老的数学分支，主要研究自然数的性质和相互关系。从古希腊的毕达哥拉斯开始，数学家就沉湎于发现自然数之间的神秘关系。像其他数学神童一样，高斯首先迷恋上的也是自然数。高斯曾说："任何一个花过一点儿功夫学习数论的人，必然会感受到一种特别的激情与狂热。"

一些没有研究过数论的数学家，如帕斯卡尔、笛卡尔、牛顿和莱布尼茨等，他们都把后半生奉献给了哲学或宗教；而对数论有深入研究的数学家，如费尔马、欧拉、拉格朗日、狄利克雷等，他们终其一生都没有转向哲学或宗教研究，或许因为他们心中早已有了最纯粹、最本质的艺术——数论。

数论

对一些数学定理或公式，高斯往往不断地给出新的证明，一而再，再而三，不厌其烦。例如，被誉为"数学皇冠上的宝石"的二次互反律，高斯一共给出了6种证明方法。直到今天，每一本基础数论教材里都有这个定律。

高斯的数学日记

从年轻时起，高斯便开始写数学日记，他以密码式的文字记录下许多伟大的数学发现，连续记录了18年。直到1898年，高斯的这本日记才被发现，日记里有100多条很简短的注记，其中有数值计算结果，也有简单的数学定理。

◆ 哥廷根天文台

　　1801 年，年仅 24 岁的高斯出版了《算术研究》，开创了现代数论研究的新纪元。在这部著作出版以前，数论只有若干零散的定理和猜想，高斯把前人的研究结果和自己的原创性工作结合起来，使数论成为一门数学分支。《算术研究》刚一出版就一售而空，很多青年数学家都买了这本书来研究。1807 年，高斯被破格聘任为哥廷根大学数学教授，同时兼任哥廷根天文台台长，直到去世。

高斯发现小行星

高斯不仅是卓越的数学家，还是一位伟大的物理学家和天文学家。1801 年，意大利天文学家皮亚齐观察到在白羊座附近有一颗未被记录的星星在移动，皮亚齐后来将它命名为谷神星。这颗小行星在天空出现了 41 天，扫过 8 度角之后，又在太阳的光芒下神秘地消失了。当时，天文学家关注的焦点是，这颗新星到底是彗星还是行星。

年轻的高斯也对谷神星很感兴趣，他想，既然天文学家通过天文观察找不到谷神星，那么能不能利用数学的方法把它找回来呢？高斯深信，天文学是离不开数学的。开普勒正是凭借自己的数学才能，发现了行星运动的三大定律；牛顿也是凭着渊博的数学知识，发现了万有引力定律。

高斯在欧拉的研究基础上，用自己发明的最小二乘法计算出了谷神星的轨道，并预测出谷神星会再次出现的时间和方位。1801年的最后一个夜晚和1802年的第一个夜晚，两位天文爱好者分别在德国的两座城市举起望远镜。果然，这颗曾一度失踪的小行星如期而至，准时出现在高斯预测的位置上，人们终于又把它找回来了。

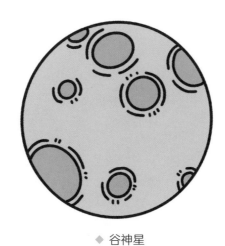

◆ 谷神星

高斯用什么语言写作？

高斯的代表作《算术研究》是用拉丁文写成的，拉丁文是当时欧洲科学界的通用语言，后来高斯改用德文写作。

高斯最得意的弟子——黎曼

黎曼是高斯的学生，也是最伟大的数学家之一。他是复变函数论、解析数论、几何学、常微分方程、实分析等领域的开拓者。黎曼猜想被誉为最伟大的数学猜想之一，是数学史上的不朽谜语。

◆ 高斯和黎曼

1833 年，高斯和物理学家韦伯合作，发明了第一台有线电报机，这是他在物理学领域最引人注目的成就。这项发明成功地让高斯进入了公众视野，不过很遗憾，他们没有足够的商业意识。这台有线电报机一直用了十几年，直到 1845 年被闪电击中，才不得不停止使用。此时，英国和美国的电报产业已经蒸蒸日上，初具规模。

◆ 高斯和韦伯发明有线电报机

1855 年 2 月 23 日清晨，在哥廷根，高斯在睡梦中与世长辞。他曾希望在他的墓碑上刻一个正十七边形，但因为雕刻工认为正十七边形刻出来后会跟圆形一模一样，所以，高斯的墓碑上并没有刻上这一图形。在他的故乡布伦瑞克，高斯纪念碑的基座上刻着一颗有十七个尖角的星星。

人们这样评价高斯——能从九霄云外的高度按照某种观点掌握星空和深奥数学的天才。他将自己的种种天赋——有创造力的直觉、卓越的计算能力、严密的逻辑推理能力、十全十美的实验能力——和谐地组合在一起，做出了卓越的成就。在人类历史上，很少能有人与高斯相媲美。

◆ 高斯之墓

喜爱文学的高斯

　　高斯很喜欢文学，早年阅读了许多古典文学名著，因此他的文学素养很高。再加上与生俱来的语言天分，高斯阅读外文得心应手。他精通英语、法语、俄语、丹麦语，对意大利语、西班牙语和瑞典语也略有研究，他的日记是用拉丁文写的。

我精通多种语言。

从虚无中，我开创了一个新的世界。

———鲍耶

划时代的非欧几何

欧几里得几何学

古希腊文明最光辉灿烂的成就之一是欧几里得几何学——简称欧氏几何。公元前 3 世纪，欧几里得把当时希腊的数学知识整理成 13 卷的《几何原本》。在这本书问世以后的 2 000 多年中，《几何原本》一直是学习几何知识、培养逻辑思维能力的典范教材。它从源于经验的定义、公理和公设出发，用演绎推理的方法，从已得的命题中再推演出一系列的定理和命题。

◆ 欧几里得

同时，欧氏几何所使用的数学方法——公理和逻辑演绎方法，成为2000多年以来，数学以及某些学科发展的根基。

在2000多年的时间里，欧氏几何始终占据着神圣而不可动摇的地位，数学家相信它是绝对真理。笛卡尔的解析几何虽然改变了几何研究的方法，但并没有从本质上改变欧氏几何的内容；牛顿也将自己创立的微积分披上欧氏几何的外衣；与他们同时代的或后来的哲学家，如英国哲学家霍布斯和洛克、德国哲学家康德和黑格尔，也都认定欧氏几何是明白的、必然的。

逻辑演绎的威力

欧几里得从5条公理和5条公设出发，加上一些特别的定义，推演出了465个定理和命题，显示出公理化方法的强大威力。

几何学的革命

　　1739 年，英国哲学家休谟就在他的著作《人性论》中否定宇宙中的事物有一定法则。他认为科学是纯经验性的，欧氏几何的定理未必是真理。

　　事实上，虽然历史上欧氏几何受到很高的评价，但它并不是完美无缺的。从现在的眼光来看，欧氏几何的逻辑结构不够严谨，从它诞生的那一刻起，就有一个问题一直困扰着数学家，那就是欧几里得第五公设，也就是平行公设。

欧几里得的定理就是真理吗？

◆ 休谟

平行公设可以这样叙述：

　　过直线外一点，能且仅能作一条直线与已知直线平行。

　　自古以来，很多数学家曾尝试证明平行公设，都没有成功，其中有两位伊朗数学家海亚姆和纳西尔丁，他们都对平行公设做了深入研究。

◆ 海亚姆　　　　　　　◆ 纳西尔丁

海亚姆假设了一个四边形 ABCD，DA 和 CB 等长且均垂直于 AB 边，依照对称性，角 C 和角 D 相等。显然，这个角度可以分 3 种情况，即直角、锐角或钝角。海亚姆试图证明锐角假设或钝角假设都会导致矛盾，从而角 C 和角 D 均为直角，由此可证明平行公设。可惜他最后并没有成功地证明平行公设。

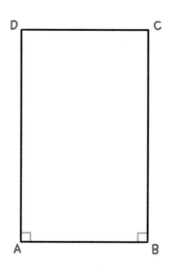

◆ 用以证明第五公设的四边形

比海亚姆晚一个半世纪，诞生了另一位伊朗数学天才——纳西尔丁。纳西尔丁证明了，如果角 C 与角 D 是锐角，则可推出三角形的内角和小于 180 度，这正是非欧几何的基本命题。它等价于，

过已知直线外一点，能作不止一条直线与已知直线平行。

纳西尔丁和海亚姆的研究为非欧几何的建立打下了基础。

纳西尔丁

　　1201 年，纳西尔丁出生在波斯的图斯（今伊朗东北部）。后来，纳西尔丁在伊儿汗国首都大不里士（今伊朗大不里士）主持天文台工作，他出版了 3 本数学著作，分别涉及算术、几何和三角学。其中，《横截线原理书》是数学史上最早的三角学专著，纳西尔丁的工作使得三角学成为纯粹数学的一个独立分支。

历史上，有过由两位数学家同时开创一门新学科的例子。例如，笛卡尔和帕斯卡尔创立了解析几何；牛顿和莱布尼茨创立了微积分学。非欧几何的诞生更稀奇，共有 3 位不同国家的数学家参与其中，他们在相互不知情的情况下，分别用相似的方法发展出了非欧几何。这 3 位数学家分别是德国的高斯、匈牙利的鲍耶和俄罗斯的罗巴切夫斯基。

在前人的基础上，3 位数学家都判定，过已知直线外一点能作多于一条、恰好一条和没有一条直线平行于已知直线，共 3 种可能性，分别对应前文所说的锐角假设、直角假设和钝角假设。他们都实现了锐角假设下的推演。至此，新的几何学便建立起来了，高斯将其命名为"非欧几何学"。

非欧几何学

◆ 罗巴切夫斯基　　　◆ 鲍耶　　　◆ 高斯

鲍耶

鲍耶是匈牙利人，1802 年出生在科洛斯堡（今罗马尼亚克卢日）。鲍耶的父亲早年就读于哥廷根大学，是高斯的同学和挚友，后来他回到故乡，在一所学校执教了半个世纪。在父亲的教导下，鲍耶在少年时代就学习了微积分和分析力学。

◆ 鲍耶

罗巴切夫斯基

1792 年，罗巴切夫斯基出生在莫斯科以东约 400 千米外的下诺夫哥罗德。14 岁那年，他进入喀山大学学习。罗巴切夫斯基在中学和大学都遇到了优秀的数学老师，在他们的引导下，他阅读了大量数学原著，展露出过人的数学才华。

◆ 罗巴切夫斯基

黎曼与非欧几何学

非欧几何学建立以后，人们对平行公设的疑虑并未彻底消除，因为钝角假设还没有得到证明；非欧几何与欧氏几何之间的内在联系、区别也没有厘清。这一切似乎都等待着一位非凡数学天才的出现，他就是黎曼。

1826 年，黎曼出生在汉诺威公国（今德国下萨克森州）易北河附近的小镇布列斯伦茨，那里距离高斯的出生地布伦瑞克大约 100 千米。早年，黎曼跟随父亲和一位当地教师接受初等教育；中学时代，在别的孩子为算术而苦恼不已的时候，黎曼开始热衷于课程之外的数学，自学了近代多部数学著作。20 岁那年，他入读高斯所在的哥廷根大学神学系，后来改学数学。1851 年，黎曼在高斯的指导下获得博士学位。

我叫黎曼，是高斯的学生。

1854 年，黎曼建立起一种更为广泛的几何学——黎曼几何学。在黎曼之前，数学家都认为钝角假设与公认的"直线可以无限延长"这一假设矛盾，因此把钝角假设取消了，黎曼却把它找了回来。

黎曼区分了"无限"和"无界"这两个概念，他认为直线可以无限延长，但这并不意味着直线的长度是无限的，只是说明直线没有端点或是无界的。在做了这个区分之后，黎曼证明了，钝角假设也和锐角假设一样，能无矛盾地引申出新的几何学。

圆与直线的互换

在现代数学中，圆和直线可以是等价的。自行车的发明就是利用了直线与圆可以互换这一概念，用两个圆替换两条直线——行走的双腿。

在黎曼眼里，地球仪或任意球面上的每个大圆都可以被看作一条直线。什么是大圆呢？地球上的每一条经线都是大圆，纬线中只有赤道线是大圆。可以看出，这样的"直线"是无界的，但长度却有限。任意两条不同的"直线"都可以相交，也就是说，没有两条直线是平行的。例如，假设赤道线是已知直线，北极点为直线外一点，每条经线均为过北极点的直线。这样一来，

过已知直线外一点，不能作一条直线与已知直线平行。

事实上，每条经线均与赤道线垂直，由此也可推得，任意两条经线与赤道线围成的三角形的内角和大于 180 度，因为三角形的两底角是 90 度，而它的顶角大于 0 度。

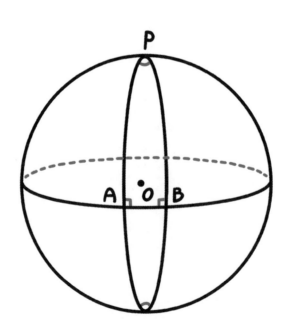

黎曼几何学和爱因斯坦广义相对论

　　2019 年 4 月 10 日，包括上海天文台在内的全球 6 家天文观测机构同时发表声明，并公布了他们合作拍摄到的首张黑洞照片。物理学家爱因斯坦再次成为人们膜拜的偶像，正是他的广义相对论预言了黑洞的存在。然而，这一切的背后还有一个关键性的人物，那便是数学家黎曼，他建立的黎曼几何学是爱因斯坦广义相对论的基石。

数是各类艺术最终的抽象表现。

——康定斯基

立体主义与相对论

19 世纪前半叶是西方文化从古典主义向现代主义迈进的关键时期，走在最前列的依然是生性敏锐的诗人和数学家。爱伦·坡和波德莱尔相继出现，非欧几何和非交换代数接连问世，这标志着延续了 2000 多年的以亚里士多德的《诗学》和欧几里得的《几何原本》为准则的古典时代的终结。19 世纪后半叶，天才人物持续涌现，在 1880 年前后不到两年的时间里，科学巨匠爱因斯坦在德国南方小镇乌尔姆出生，艺术大师毕加索在西班牙南方小镇马拉加出生，而连接爱因斯坦的相对论和毕加索的立体主义的纽带就是数学中的"第四维"。

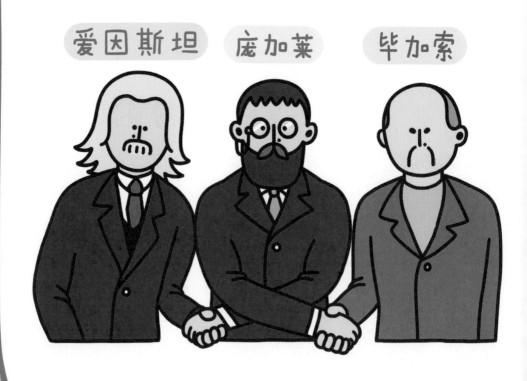

爱因斯坦　　庞加莱　　毕加索

庞加莱和毕加索

　　当人们还在无休止地争论非欧几何以及违反欧几里得第五公设的哲学后果时，法国数学家庞加莱独辟蹊径，教人们这样想象四维世界："物体的外在形象被投射在视网膜上。投射在视网膜上的是一幅二维画，这个形象是一幅透视图……"根据他的解释，既然二维面的形象是从三维面而来的投影，那么三维面上的形象也可以看成是从四维面而来的投影。庞加莱建议，我们可以这样描述第四维——画布上接连出现的不同透视图。毕加索认为这些不同的透视图应该在同一时间、同一空间里表现出来，于是就有了那幅著名的《阿维尼翁的少女》——立体主义的开山之作。

庞加莱通晓数学与应用数学知识，涉足的领域极其广泛。同时，他还是数学知识的普及者，他创作的数学通俗读物被人们争相抢购，并被译成多种文字，在世界范围内广泛传播。在庞加莱最早的著作《科学与假设》的读者中，有一位叫普兰斯的巴黎保险精算师，多亏了他，毕加索和他的艺术家朋友才有机会聆听有关庞加莱的几何学讲座。

庞加莱和爱因斯坦

第四维与爱因斯坦相对论的关系是很明显的。1898 年，庞加莱发表了一篇论文，探讨如何"在一个以时间为第四维的四维空间里建立一种数学表述"。当时，爱因斯坦的数学老师闵可夫斯基读了这篇论文，并给自己的学生讲解了它的重要性。1904 年，即发现狭义相对论的前一年，爱因斯坦读到庞加莱的《科学与假设》的德文译本，立刻被书中涉及数学、科学和哲学的内容所吸引，并从中了解了几何学的基础知识。直到 1912 年，爱因斯坦才恍然大悟：狭义相对论只有在高度几何化后才能完全广义化。

继黎曼之后，庞加莱等人又先后建立了非欧几何的直观模型，进而揭示了非欧几何的现实意义。无论是欧氏几何还是非欧几何，都存在任意有限维，甚至无限维的空间。庞加莱为物理学家提供了以时间为第四维的四维空间，它可以看作是非欧几何的一个特例。总之，在广义相对论里，空间和时间变成了一种四维结构，只不过这个四维结构的形状被其中大质量的物体扭曲了。根据庞加莱的解释，宇宙从一块刚性的铁板变成了一个有弹性的垫子。

庞加莱生平

1854 年，即黎曼拓展非欧几何的那一年，庞加莱出生在法国东北部城市南锡，他的父亲是当地的名医，母亲也才华出众。庞加莱自幼智力超常，能非常快地接受新知识，并且口齿流利，从小就得到母亲的悉心教导。但很不幸，5 岁时，庞加莱患上了白喉，从此体弱多病，说话也变得口齿不清，但他读书的速度十分惊人，对读过的内容过目不忘。庞加莱喜欢文学、历史、地理和博物学，大约在 15 岁的时候，他喜欢上了数学，并很快在数学上展露出非凡的才华。他的数学老师形容他是一只"数学怪兽"，这只"怪兽"所向披靡，囊括了当时法国中学数学竞赛的多个奖项。

◆ 庞加莱和父母

19 岁那年，庞加莱第二次赢得法国中学生数学竞赛一等奖，被保送到巴黎综合理工学院，从此离开了故乡。在巴黎综合理工学院求学期间，庞加莱成绩优异。毕业后，他又进入国立高等矿业学院，几年后获得采矿工程师的资格。庞加莱一直醉心于数学，1879 年，他在巴黎大学获数学博士学位。随后，他去卡昂大学理学院担任讲师。1881 年，他被聘为巴黎大学教授，直到去世。

以庞加莱命名的大学

　　1572 年，庞加莱的家乡南锡建成了一所最高学府——南锡第一大学，后来这所大学被命名为庞加莱大学。20 世纪 70 年代末期，我国著名数学家华罗庚在这所大学被授予荣誉博士学位。

◆ 南锡第一大学

庞加莱从来不会在一个研究领域逗留太久，一位同仁曾戏称他是"征服者"，而不是"殖民者"。在数学以外的光学、电磁学、热力学等领域，他的贡献也数不胜数。

◆ "征服者"庞加莱

从某种意义上看，庞加莱涉足过数学研究的各个领域，但他对现代数学最重要的影响无疑是创立组合拓扑学。

1904 年，他提出了著名的庞加莱猜想，将近一个世纪以后，这个猜想才被俄罗斯数学家佩雷尔曼证明。

在科学哲学方面，庞加莱也有许多贡献。他的哲学著作除了最早的《科学与假设》以外，还有《科学的价值》《科学与方法》，这些著作都对后世产生了重大影响。庞加莱开创了一种独特的哲学观——约定论，认为公理可以在一切可能的约定中进行选择，但要以实验事实为依据，并避开一切矛盾。

庞加莱认为数学最基本、最直观的表现是自然数，所以他反对无穷集合的概念，反对把自然数归结为集合，这使他成为直觉主义的先驱者之一。

可是，每个人都有他的时代局限性。虽然庞加莱对爱因斯坦的相对论做出了不可磨灭的贡献，他甚至创造了"相对性"（relativity）这个词，但直到去世，他都没有完全接受狭义相对论，这也是让爱因斯坦感到非常遗憾的一件事。

1911 年的冬天，在比利时布鲁塞尔举行的一次学术会议上，庞加莱第一次见到了爱因斯坦。虽然庞加莱没有说明自己对相对论的看法，但爱因斯坦敏感地意识到庞加莱对相对论基本上持否定态度。尽管两人在相对论上的意见不一致，但会议一结束，庞加莱就应爱因斯坦的请求给苏黎世联邦理工学院写了一封推荐信。

1912 年的夏天，庞加莱因脑血栓在巴黎逝世，年仅 58 岁。

庞加莱以出众的才华、渊博的学识、广泛的研究领域和杰出的贡献而闻名，赢得了同代人和后辈人的赞誉。

庞加莱
1854—1912

不管多么聪明的人，和冯·诺伊曼一起长大就会有挫败感。

——维格纳

电子计算机之父

冯·诺伊曼生平

1903 年 12 月 28 日，冯·诺伊曼出生在匈牙利布达佩斯一个富裕的犹太家庭。他从小就显示出数学方面的天分，并有过目不忘的本领。在 6 岁时他就能心算，做 8 位数除法；在 8 岁时他掌握了微积分。他在语言方面也很有天赋，能用古希腊语和父亲谈笑风生。

冯·诺伊曼上中学时，匈牙利正实行精英教育，对高智商的学生进行精心培养。中学校长很赏识冯·诺伊曼的数学才华，把他推荐给了布达佩斯大学的教授。17 岁那年，冯·诺伊曼与一位教授合作，在一份德国杂志上发表了处女作。一颗数学新星冉冉升起……

布达佩斯

布达佩斯是匈牙利的首都，跨多瑙河中游两岸，西岸是布达，东岸是佩斯。在冯·诺伊曼出生前的 35 年里，布达佩斯是欧洲发展最快的城市。布达佩斯率先实现电气化，铺设了欧洲第一条电力地铁，并用有轨电车取代了公共马车。

◆ 多瑙河畔的布达佩斯

1925 年夏天，冯·诺伊曼在苏黎世联邦理工学院获得化学工程学士学位。第二年春天，他在布达佩斯大学通过论文答辩获得数学博士学位，当时他年仅 22 岁。

1929 年秋天，美国的普林斯顿大学向他伸出橄榄枝，邀请他担任客座讲师。当时美国正处于经济大萧条时期，但冯·诺伊曼很快爱上了这个移民国家。第二年，他顺利晋升为教授。1933年，美国普林斯顿高等研究院成立，冯·诺伊曼和爱因斯坦、维布伦、亚历山大二世一起成了高等研究院最初任命的 4 位教授，并在这里工作了一生。在普林斯顿期间，冯·诺伊曼从数学角度总结了量子力学的发展，出版了经典著作《量子

◆ 普林斯顿高等研究院

力学的数学基础》。他还发表了算子环理论的系列论文，为后来量子物理学的发展打下数学基础。人们为了纪念他，将算子环理论命名为"冯·诺伊曼代数"。

午餐时的家庭聚会

　　冯·诺伊曼的家庭有一个很好的传统——午餐时的家庭聚会。无论多么忙碌，冯·诺伊曼的父亲都会赶回家参加聚会。聚会上，孩子们会提出很多问题，比如某一首诗的意义是什么、"泰坦尼克号"为什么会沉没、外祖父是不是曾经获得过很大的成就等。家中良好的学习氛围，让冯·诺伊曼从小就善于思考，有钻研精神。

战争中的冯·诺伊曼

1937 年，冯·诺伊曼加入了美国籍。同年，"七七事变"爆发，日本全面发动侵华战争。1939 年，随着德军入侵波兰，英、法两国正式对德国宣战，第二次世界大战全面爆发。此前，冯·诺伊曼应邀担任美国陆军机械部所属弹道试验场实验室的顾问，研究一门新的学问——火炮弹道学。由此，冯·诺伊曼成了前计算机时代计算冲击波和弹道轨迹的数学家。

后来，冯·诺伊曼又转到水雷作战处，3 个月以后，他被派到英国工作。英国人需要他，是因为德国人在英吉利海峡布下了大量水雷，并设置了机关。水雷在若干次感应以后才会爆炸，但其中的机关很难破解。这对冯·诺伊曼来说是小菜一碟，他运用数学技巧轻而易举地破解了引爆水雷的机关，避免了英国海军官兵的无谓牺牲。

1943 年，冯·诺伊曼被任命为美国洛斯阿拉莫斯国家实验室顾问，他指导设计了原子弹的最佳结构，确保原子弹可以被装进一架轰炸机。同时，他还利用数字模拟实验，提出了可实现大规模热核反应的方案。冯·诺伊曼的研究替美国军方节约了财力和物力。

◆ 冯·诺伊曼和同事在洛斯阿拉莫斯国家实验室

洛斯阿拉莫斯国家实验室

　　该实验室成立于 1943 年，位于美国新墨西哥州，实验室成立的目的是集合众多优秀的科学家制造核武器，实验室主任是美国"原子弹之父"——奥本海默。

经过不懈的努力，科学家确认，铀-235和钚-239是原子核裂变的最佳材料，但他们遇到了难题——适用于引爆铀弹的炮击法并不适用于引爆钚弹。冯·诺伊曼亲自设计了一个棱镜构成的聚爆装置，解决了这个难题，在第一次核试验中获得了成功。

1945年8月6日，一颗铀弹被投放到日本广岛；三天以后，一颗钚弹被投放在日本长崎，随后日本无条件投降。

研制原子弹的代价

原子弹投放后，奥本海默引用了印度史诗《薄伽梵歌》里的诗句自我忏悔："现在我成了死神，世界的毁灭者。"1954年，核反应堆的设计师费米患癌症去世，冯·诺伊曼也因参与比基尼岛上的核试验而受到了核辐射。

◆ 原子弹爆炸后产生的蘑菇云

冯·诺伊曼和博弈论

1932年，冯·诺伊曼在美国作了一场报告，从数学的角度指出了经济问题的解决方案，提出了一种新型的扩张经济模型："所有商品以尽可能低的成本和尽可能大的量生产。"1945年，这篇报告在英国再次发表，题为《普遍经济均衡的一个模型》。大约半个世纪以后，这篇论文被公认为数理经济学中最重要的论文。

1944年，冯·诺伊曼与经济学家摩根斯顿合著的《博弈论与经济行为》正式出版。博弈论本是应用数学的一个分支，后来在经济理论和应用领域发挥了重要作用。

◆ 冯·诺伊曼和摩根斯顿

电子计算机之父

在洛斯阿拉莫斯国家实验室，冯·诺伊曼他们所做的原子核裂变的研究需要完成大量的计算任务，这促使他开始关注电子计算机的研制。

冯·诺伊曼亲自参与了宾夕法尼亚大学的两台计算机的设计。1945年6月，冯·诺伊曼发表了《关于EDVAC（电子离散变量自动计算机）设计方案的初步报告》。他依据储存程序原理建立了计算机内部最主要的结构体系。这一结构体系由5个部分组成，即计算器、控制器、储存器、输入和输出装置。由储存程序原理设计的电子计算机被称为"冯·诺伊曼型计算机"，这一计算机结构体系一直沿用至今。冯·诺伊曼也因此被誉为"电子计算机之父"。

◆ 冯·诺伊曼参与设计的计算机

　　不过，冯·诺伊曼本人对计算机的兴趣在于如何利用这种新型工具开创现代科学计算的新天地。他意识到，数值天气预报是计算机在数学应用领域里面临的最重要的挑战之一。为了获得更准确的天气预报，他向美国军方提出建议，成立天气预报研究小组来执行数值天气预报计划。1950年，天气预报研究小组完成了数值天气预报史上首次成功的预报。因为计算方法直接影响计算速度，而天气预报以及其他科学、工程领域的计算工作量越来越大，计算方法的重要性也愈加凸显。于是，在纯粹数学与应用数学之外，一门新的数学分支——计算数学应运而生。冯·诺伊曼无疑也是这门学科的早期奠基人。

20 世纪前半叶，3 项革命性的科学研究——对原子的科学认知、量子力学的数学化以及电子计算机的诞生，冯·诺依曼都参与其中，并为此做出了卓越贡献。他一生都致力拓展认知，追求创新。

1957 年，冯·诺伊曼的生命走向终点。他因参与核武器爆炸试验，长时间接受高强度的核辐射，最后罹患骨癌。1957 年 2 月，冯·诺伊曼在华盛顿陆军医院去世。

冯·诺伊曼对未来的思考

冯·诺伊曼的讲座资料和他留下的笔记显示，他对 3 个科学领域有很大的兴趣，它们分别是：大脑相关的科学研究、基因相关的科学研究和自然环境的治理。

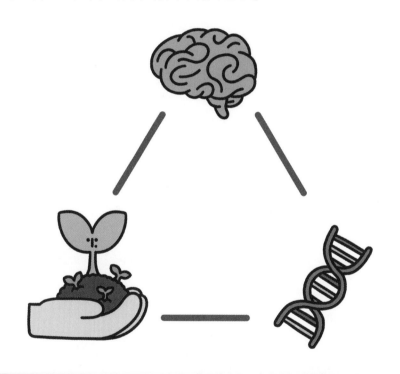

天才在于积累，聪明在于勤奋。

——华罗庚

熠熠生辉的双子星

小时候的罗庚与省身

我国东部的太湖流域是"鱼米之乡"，也是文人墨客在诗词里赞美的秀丽江南。太湖的北岸和南岸分别有江苏的苏州、无锡、常州和浙江的杭州、嘉兴、湖州这6座城市，19世纪后期和20世纪初期，太湖沿岸人才辈出。

1910年11月12日，数学奇才华罗庚出生在常州市金坛县（今常州市金坛区）的一个小商人家庭。金坛县在太湖西北方向，而在太湖东南方向，一个叫秀水（今嘉兴市秀洲区）的县城里，1911年10月28日，

也诞生了一位数学天才，他姓陈，名省身。陈省身的父亲是位读书人，中过秀才。陈省身出生的那年是辛亥年，所以他号"辛生"，名字则出自《论语》——"吾日三省吾身"。

陈省身自幼跟祖母和小姑认字读书。有一回，父亲回家过年，教他学习阿拉伯数字和四则运算，给了他一套传教士编的《笔算数学》。父亲惊讶地发现，小小年纪的陈省身竟然能做出书中的大部分习题。

1926 年，陈省身从詹天佑任董事的天津扶轮中学毕业，他跳过大学预科，直接进入南开大学，那一年他还不满 15 岁。图书馆是他最爱去的地方，他常常在图书馆里一待就是好几个小时。他看的书门类很杂，历史、文学、自然科学等，无所不读。

◆ 陈省身和父亲

华罗庚小时候爱动脑筋，有时，他思考问题时过于专心，常被同伴戏称为"罗呆子"。在小学时因为淘气，他的成绩比较糟糕。不过，从初二开始，数学老师便对华罗庚另眼相看了。

初中毕业后，华罗庚进入教育家黄炎培在上海创办的中华职业学校。在上海求学期间，他在上海市珠算比赛中获得第一名。但是，由于家庭经济困难，他后来辍学回家，帮父亲经营棉花店。回家后，他并没有放弃数学，边站柜台边自学，有时算得入迷，竟将自己演算的结果当成付款金额告诉客人。

19 岁那年，华罗庚感染伤寒，险些丧命，落下终身残疾。他走路时要左腿先在地上画一个大圈，右腿再迈上一小步。他幽默地说自己走路是"圆与切线的运动"。

　　1930 年，华罗庚在上海的《科学》杂志上发表了一篇文章——《苏家驹之代数的五次方程式解法不能成立的理由》，这篇文章改变了他的命运。清华大学算学系主任熊庆来读到这篇文章，经过打探，找到华罗庚并邀请他到清华大学工作。

　　那年华罗庚 20 岁，而此时，19 岁的陈省身即将从南开大学毕业，他考上了清华大学的研究生。在清华大学，陈省身结识了稍后抵达的华罗庚，两人共同翻开了中国数学史崭新的一页。

留学欧洲的双子星

到清华大学后，华罗庚被聘为图书馆助理员，他如饥似渴地听课、钻研高等数学。从 1934 年开始，他每年都发表 6~8 篇论文，大多数论文发表在国外刊物上，如德国的权威杂志《数学年刊》。这些论文内容涉及数论、代数和分析学，显示了他多方面的才华。

在华罗庚声名鹊起之时，陈省身已通过硕士论文答辩，准备出国留学。1934 年 7 月，陈省身从上海启程，坐船去欧洲，赴德国汉堡大学，跟随数学家布拉施克教授研究几何学。此间，陈省身并没有埋头准备论文，而是把重点放在学习和掌握最前沿的几何学方法上，他还与知名学者建立起广泛的联系。1936 年，陈省身获得博士学位，导师推荐他去巴黎继续学习。这一段德法留学经历为他一生的学术事业奠定了深厚的基础。

◆ 陈省身在德国汉堡

1936年，清华大学邀请两位大数学家——法国数学家哈达玛和美国数学家维纳到中国访问。维纳对华罗庚赞赏有加，推荐华罗庚去剑桥大学，跟随他当年的老师哈代学习。华罗庚沿着西伯利亚铁路，坐火车经莫斯科最后抵达柏林，陈省身从汉堡赶来与他相聚。当时他们正赶上在柏林举行的夏季奥运会，两人还兴致勃勃地一起去观看比赛。同年秋天，陈省身去巴黎求学，取道伦敦，特意前往剑桥看望了华罗庚。

◆ 华罗庚在剑桥

汉堡

汉堡是德国最大的港口城市，也是德国第二大城市，它是德国最重要的水上交通枢纽和通向世界的门户。从大西洋来的万吨级巨轮可以沿易北河直达此城。汉堡城内地势平坦，河道纵横，有1000多座桥梁。

华罗庚作为访问学者在剑桥大学学习期间，没有继续攻读学位，而是省出时间和学费，专注于听课、参加讨论班和写论文。在剑桥的两年，他写出了 10 多篇论文，论文质量远远超出了他以前的水准。

1938 年，华罗庚启程回国，他向老师哈代辞行。哈代惊讶于他在剑桥的研究成果，告诉华罗庚自己会在一本新书里收录他的一些研究成果。华罗庚可能是近代中国数学家中最早被外国大师引用研究成果的。

◆ 华罗庚和哈代

任教国立西南联合大学

1937 年，陈省身准备从巴黎启程回国，母校清华大学聘他为教授。没想到就在他启程前 3 天，"七七事变"爆发，日本人占领了北京城。

陈省身乘坐的邮轮抵达长江口时，岸上火光冲天，上海已被日本人占领。邮轮不得不掉头，南下香港。到达香港后，陈省身又滞留了一个多月，得知清华大学、北京大学、南开大学已迁往湖南，组成国立长沙临时大学。陈省身赶在开学前抵达长沙，战火迅速向南蔓延，两个月后，陈省身又随学校南迁至昆明。国立长沙临时大学改称国立西南联合大学。

从英国回国后，华罗庚也被破格聘请为国立西南联合大学的教授。当时的华罗庚与陈省身只有二十六七岁。

◆ 陈省身和华罗庚在昆明相见

在西南联大，华罗庚和陈省身在数学研究上都取得了突破。在一年的时间里，他们两人住在同一个房间，每人有一张床、一张书桌和一把椅子。华罗庚和陈省身一早起来便沉浸在各自的数学世界里，直到深夜。尽管当时在西南联大，教授们的生活清贫，但他们教书和研究的热情不减，还教出了很多出色的学生，如杨振宁、邓稼先、李政道等。

中国数学的领军人物

1948 年，华罗庚被聘为美国伊利诺伊大学教授。就在华罗庚抵达伊利诺伊大学的那一年，陈省身和全家离开上海，启程赴美，他受聘为芝加哥大学教授。中国数学界似乎面临着同时失去两位领军人物的危险。庆幸的是，1950 年，华罗庚放弃美国的高薪，毅然回国，而陈省身则选择留在美国工作和生活。

◆ 华罗庚从美国返回中国

回到北京以后，华罗庚先在清华大学任教，后担任新成立的中国科学院数学研究所所长。接下来的几年，华罗庚在数学研究所大展宏图。他从全国各地广罗人才，调集了数十位年轻有为的数学工作者。他既重视基础理论，又注重应用数学，成立了微分方程和数论两个专门组，同时鼓励年轻的数学家在自己的方向上钻研。华罗庚决心用数学为人民服务，走出一条中国式应用数学之路。

善于利用时间的华罗庚

华罗庚工作非常繁忙，为了能够充分地利用时间，在会议的请柬、文件、文艺演出的节目单、自用的折扇上，他都密密麻麻地写下数学公式和草稿。

在芝加哥的 10 年，陈省身复兴了美国的微分几何学。美国的微分几何学派逐渐形成。接下来，陈省身搬到气候宜人的美国西海岸，帮助加州大学伯克利分校的数学学科从全美排名第四跃居到第一。他提升了该校在几何学和拓扑学两方面的学术地位。

1984 年 5 月，陈省身获得象征数学界终身成就奖的沃尔夫奖。

◆ 陈省身接受以色列总统颁发的沃尔夫奖

1984 年，陈省身出任南开数学研究所——后更名为陈省身数学研究所——所长。他致力把南开数学研究所创办成世界一流的研究机构，培养数学研究精英。

1985 年初夏，华罗庚应邀访问日本。他在东京大学发表演讲时，突发心肌梗死去世，享年 75 岁。华罗庚去世以后，陈省身在继续思考微分几何学领域的重大问题的同时，也利用自己的影响力和号召力推动中国数学发展，还帮助北京申办了 2002 年国际数学家大会。

　　华罗庚和陈省身身处全然不同的学术和生活环境。陈省身在国际数学界崭露头角之后，影响力越来越大，成为几何学领域的一代大师；华罗庚则在中国数学界发挥着领导作用，成为家喻户晓的数学家。正是由于他们的出现，中国数学在落后西方 7 个世纪以后，终于迈出了追赶潮流的有力步伐。

纯粹数学是人类心灵最富创造性的产物。

——怀特海

采摘皇冠上的明珠

"自然科学的皇后"是数学，而"数学的皇冠"是数论。中国人历来擅长数论研究，南宋数学家秦九韶发现中国剩余定理，现代数学家华罗庚也是因为在经典数论问题——华林问题的研究上有所突破，才开始为世人瞩目。解析数论里有两个著名的猜想——哥德巴赫猜想和孪生素数猜想，迄今为止，在这两个问题上做出最杰出贡献的是两位中国数学家——陈景润和张益唐。

陈景润与哥德巴赫猜想

1933 年 5 月 22 日，陈景润出生在福建闽侯县（今福州市仓山区）。1842 年，福州成为我国首批对外开放商埠之一，曾有 17 个国家在仓山区设立领事馆。仓山区有闽江上最大的岛屿南台岛，岛上曾诞生清末思想家、翻译家、教育家严复。严复率先翻译了亚当·斯密的《国富论》、孟德斯鸠的《论法的精神》和赫胥黎的《天演论》。清朝末代皇帝溥仪的老师陈宝琛也是陈景润的同乡。

◆ 福州南台岛

陈景润的父亲是邮局的职员，母亲潘氏在他 14 岁那年去世。由于父亲工资不高，家里又有很多兄弟姐妹，家境颇为贫寒，但陈景润聪明好学，大部分时间都用来演算数学题，旁人觉得枯燥无味的代数方程式，他解起来得心应手。

　　1948 年，陈景润考入福州英华中学高中部，也就是现在的福建师范大学附中。陈景润算不上拔尖的学生，在班里寡言少语，不过他平日读书却相当用功，处于一种近乎痴迷的状态。英华中学的图书馆借书卡记录着陈景润借阅的图书：《微积分学》《物理学》《高等代数引论》《实用力学》等。第二年，16 岁的陈景润考入厦门大学数学系。4 年后的 1953 年，他以优异的成绩从厦门大学毕业，进入北京四中担任数学老师。

◆ 厦门大学

北京四中是一所名校，具有优质教育资源，人才辈出。由于陈景润性格内向，不善与人交流，普通话也不标准，所以他不太适应中学教师的工作。两年以后，到北京开会的厦门大学校长王亚南了解到他的情况，也看出陈景润想从事数学研究的决心，便设法把他调回厦门大学，让他在数学系担任助教。

在厦门大学，陈景润经过刻苦的学习，对华罗庚和苏联数学家维诺格拉多夫的著作内容和研究方法有了深刻的了解，写出了一篇名为"塔利问题"的论文，这引起了华罗庚的注意。在华罗庚的推荐下，1957年，陈景润被调到位于北京的中国科学院数学研究所任实习研究员。1966年，陈景润在《科学通报》上宣布，他证明了哥德巴赫猜想的弱形式，即一个充分大的偶数均可表示成一个奇素数和另一个素因子不超过两个的奇数之和。例如，22=7+3×5。

哥德巴赫猜想

1742 年，在莫斯科的德国数学家哥德巴赫与在柏林的瑞士数学家欧拉通信时提出了一个猜想：每个大于 4 的偶数均可表示成 2 个奇素数之和，比如 $6 = 3 + 3$，$8 = 3 + 5$，$10 = 3 + 7 = 5 + 5$。

与此同时，哥德巴赫还猜测，每个大于 7 的奇数均可表示成 3 个奇素数之和，比如 $9 = 3 + 3 + 3$，$11 = 3 + 3 + 5$，$13 = 3 + 3 + 7 = 3 + 5 + 5$…

◆ 哥德巴赫

猜想需要证明，否则它永远是个猜想。哥德巴赫至死也没有得出证明的结论。200 多年来，这个猜想一直吸引无数数学家为之着迷，却始终没有被证明。1973 年，陈景润的证明全文经闵嗣鹤先生审读，发表在《中国科学》杂志上，轰动了国际数学界，陈景润的证明被誉为"陈氏定理"。至今这项成果仍在有关哥德巴赫猜想的研究中保持领先水平。

陈景润在证明中创造性地提出了一种新的加权筛法，并将其成功地应用于哥德巴赫猜想的研究，他的方法被赞为"筛法理论光辉的顶点"。证明全文发表后的第二年，在周恩来总理的关怀下，陈景润的生活条件得到了较大改善，他还光荣地当选为第四届全国人大代表。

　　1978年，随着诗人徐迟的报告文学《哥德巴赫猜想》的出版，陈景润成为我国家喻户晓的数学家。文中写道，陈景润当年蜗居在6平方米的小屋里，借着一盏煤油灯昏暗的灯光，伏在床板上，用一支笔，耗去10多麻袋的草稿纸，潜心于攻克那道世界著名的数学难题。他甘于寂寞、勇于攀登的科学精神，鼓舞着一代青年。在他的感召下，学子们也纷纷选择报考数学或自然科学专业。1982年，陈景润和王元、潘承洞一起荣获国家自然科学奖一等奖。

张益唐与孪生素数猜想

在解析数论中，与哥德巴赫猜想齐名的是孪生素数猜想。孪生素数猜想是指：存在无穷多对相差为 2 的素数（孪生素数对），比如"3、5""5、7""11、13""17、19""29、31""41、43""59、61""71、73"这 8 对孪生素数，它们也是 100 以下的全部素数对。

孪生素数猜想的另一种表述形式是：存在无穷多个素数 p，且对每个 p 而言，p+2 也是素数。 这个猜想是一个困扰了人类几千年的问题，至今都不知道是谁最早提出来的。我们唯一知道的是，1849 年，法国数学家波利尼亚克提出了一个广义的孪生素数猜想：对所有正整数 k，存在无穷多个素数对——（p, p + 2k）。当 k = 1 时，这便等价于孪生素数猜想。数学家普遍相信孪生素数猜想是成立的，却苦于无法证明。

2013 年 5 月，张益唐的论文《素数间的有界距离》在著名的《数学年刊》杂志上发表，他用精细的解析数论的方法，在孪生素数猜想问题上取得了重大突破。他证明了这个猜想的弱形式，即存在无穷多组相差不足 7000 万的素数对。这是第一次有人证明存在无穷多组间距小于给定值的素数对。虽然因为牛津大学青年数学家梅纳德给出了崭新的方法，上界从 7000 万减少到 246，但张益唐的成果无疑是里程碑式的，与 40 年前陈景润的成果遥相呼应。因此，张益唐和陈景润成为中国人的骄傲。

张益唐祖籍浙江平湖，1955 年 2 月 5 日生于上海。他的母亲姓唐，这是他名字的来源。13 岁时，他随父母迁居北京。到北京后，张益唐入读清华大学附中，两年以后，他随母亲搬到湖北东南部的阳新县，在长江边的"五七"干校生活了几年，后来又回到北京，通过招工进入北京锁厂工作。恢复高考以后，他考了两次才考入北京大学数学系。1982 年，张益唐大学毕业，继续在北大攻读解析数论方向的硕士学位，师从著名数学家潘承洞的弟弟潘承彪教授。

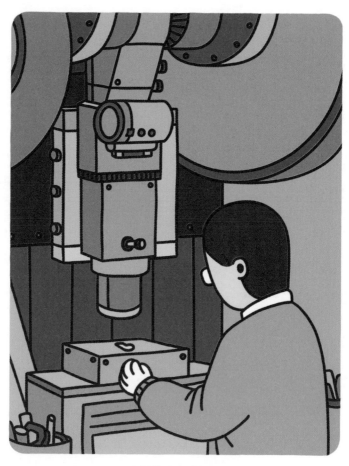

◆ 张益唐在北京锁厂工作

1985 年，张益唐在数学家、北京大学校长丁石孙的推荐下，作为公派生赴美留学，在美国普渡大学攻读博士学位，师从代数几何专家、华裔数学家莫宗坚。莫宗坚对张益唐十分严格，两人几乎每天都要进行长时间的学术讨论。但到了后来，张益唐与导师在学术上产生了分歧。最终，张益唐的论文没有发表，数年的研究全部白费了。不过，好在张益唐在读博士期间做出过一些成绩，1992 年，他获得了博士学位 。由于种种原因，他始终没有获得稳定的教职。对他来说，那是一段漫长的蹉跎岁月。一直到 1999 年，在友人的帮助下，张益唐才在美国新罕布什尔大学数学系担任临时讲师。

2013 年，张益唐因为在孪生素数猜想的研究上取得重大突破而名扬世界，荣誉接踵而来。2014 年，他先后获得麦克阿瑟天才奖、罗夫·肖克奖、柯尔（数论）奖。2016 年，他又获得求是杰出科学家奖。同年，美国加州大学圣芭芭拉分校聘请张益唐为终身教授，那时他已经年过花甲。

2022 年秋天，大洋彼岸传来一则喜讯：67 岁的张益唐在互联网上宣布，他又在另一个解析数论难题——朗道 - 西格尔零点猜想上取得重要突破。这是一个与广义黎曼猜想相关的著名数学问题，他对这个问题已经研究了 20 多年。由于黎曼猜想的重要性，零点猜想牵涉到了一大堆数论问题，意义非凡。

作者的回忆

　　1984 年夏天，我与张益唐教授参加了在合肥举行的第三届全国数论会议，我们在同一个小组。会后，我们还一起去爬了黄山，然后分头从黄山去杭州。31 年后的 2015 年夏天，我邀请张益唐教授到浙江大学理学大讲堂做客，共叙当年友情。第二年，我访美期间也曾从洛杉矶专程前往圣芭芭拉看望他。

数学家信息卡

高斯

卡尔·弗里德里希·高斯
(Carl Friedrich Gauss,
1777 年—1855 年)
出生地: 德国布伦瑞克
逝世地: 德国哥廷根

黎曼

伯恩哈德·黎曼
(Bernhard Riemann,
1826 年—1866 年)
出生地: 德国布列斯伦茨
逝世地: 意大利塞拉斯卡

庞加莱

亨利·庞加莱
(Henri Poincaré,
1854 年—1912 年)
出生地: 法国南锡
逝世地: 法国巴黎

冯·诺伊曼

约翰·冯·诺伊曼
(John von Neumann,
1903 年—1957 年)
出生地: 匈牙利布达佩斯
逝世地: 美国华盛顿

华罗庚

华罗庚
(1910 年—1985 年)
出生地: 江苏常州
逝世地: 日本东京

陈省身

陈省身
(1911 年—2004 年)
出生地: 浙江嘉兴
逝世地: 天津

陈景润

陈景润
(1933 年—1996 年)
出生地: 福建福州
逝世地: 北京

张益唐

张益唐
(1955 年—)
出生地: 上海

词汇表

开普勒
Johannes Kepler
约 1571 年—1630 年

德国数学家、天文学家，在大学期间接受了哥白尼的日心说，发现了行星运动的三大定律：轨道定律、面积定律、周期定律，被后世评价为"天空的立法者"。

休谟
David Hume
1711 年—1776 年

英国哲学家、苏格兰启蒙运动的代表人物，是一个坚定的经验主义者，坚持以科学的态度对待社会中的各种议题，对宗教的种种迷思和不确切的知识都抱持怀疑态度。其思想在当时宗教力量统治世俗社会的年代不被接受。20 岁时，写成不朽名作《人性论》。

爱伦·坡
Edgar Allan Poe
1809 年—1849 年

美国诗人、小说家，现代主义文学的先驱，也是西方推理、恐怖类型小说的创作先驱，代表作有短篇小说《玛丽罗热疑案》、诗集《乌鸦》等。

波德莱尔
Charles Baudelaire
1821 年—1867 年

法国诗人、象征派诗歌的先驱，也是现代主义的开创者之一。作品《恶之花》以歌颂"丑恶"的诗句挑战了法国资产阶级的传统审美。

奥本海默
Julius Robert Oppenheimer
1904 年—1967 年

美国物理学家，曾任普林斯顿高等研究院院长，在原子核理论和量子场论等方面都有贡献。领导洛斯阿拉莫斯国家实验室的科学家，制造出了人类历史上第一颗原子弹。第二次世界大战结束后，反对核武器的开发，主张和平使用原子能。

詹天佑

1861 年—1919 年

中国近代杰出的工程师，清政府官派的第一批留美幼童之一，毕业于美国耶鲁大学土木工程系，回国后主持修建了京张铁路，被誉为"中国铁路之父"。

严复

1854 年—1921 年

中国近代著名的翻译家，福建船政学堂第一届毕业生，后留学英国，回国后在北洋水师学堂任教。在清末救亡图存的历史背景下，翻译了大量哲学、法学、自然科学等方面的西方著作。

赫胥黎

Thomas Henry Huxley
1825 年—1895 年

英国博物学家，达尔文进化论的坚定捍卫者，提出"人猿共祖"的人类起源说。严复翻译了赫胥黎的著作《天演论》，其中"物竞天择，适者生存"的理论对中国思想启蒙运动有深远影响。

亚当·斯密

Adam Smith
1723 年—1790 年

英国政治经济学家，古典政治经济学的代表人物之一。在《国富论》中分析了劳动分工、生产和分配等经济学理论，抨击当时英国主流的重商主义，倡导自由贸易，发展了自由资本主义理论。

孟德斯鸠

Montesquieu
1689 年—1755 年

法国思想家，法国启蒙运动的先驱者。出身于波尔多贵族家庭，家族经营葡萄酒生意，是资产阶级化的贵族，对当时君主集权的封建统治感到不满。历时 20 年写成《论法的精神》，提倡分权的政治制度，对后世资产阶级革命有深远影响。

小行星

沿圆形或椭圆形轨道绕太阳运动的天体，体积和质量比行星小很多。高斯成功预测出其运动轨道的谷神星是最早被发现的、迄今仍是最大的小行星。

立体主义

西方现代艺术史上的流派，20世纪初起源于法国，代表艺术家是西班牙的毕加索和法国的布拉克。立体主义（Cubism）的名字源自立方体（cube），最突出的特点是把事物的不同角度在二维画面中呈现出来，从而有一种突破空间和时间限制的抽象感。

经济大萧条

1929年至1933年间源于美国的经济危机，又称美国30年代大危机。大萧条对美国以及世界主要资本主义国家的经济、社会、政治都产生了深远的影响。

铀-235和钚-239

铀和钚分别是原子序数为92和94的化学元素。铀-235是相对原子质量为235的铀的同位素，可以在核反应中用作燃料，也是制作核武器的主要材料之一；钚-239是相对原子质量为239的钚的同位素，可用于制作核武器。